Jacob Christian Gottlieb von Schäffer

Krankheitsgeschichte des verewigten Prinzen Georg von Thurn und Taxis

Jüngster Beitrag zu Roederers und Waglers Abhandlung von der

Schleimkrankheit

Jacob Christian Gottlieb von Schäffer

Krankheitsgeschichte des verewigten Prinzen Georg von Thurn und Taxis
Jüngster Beitrag zu Roederers und Waglers Abhandlung von der Schleimkrankheit

ISBN/EAN: 9783743602878

Hergestellt in Europa, USA, Kanada, Australien, Japan

Cover: Foto ©berggeist007 / pixelio.de

Weitere Bücher finden Sie auf **www.hansebooks.com**

Friede sey um diese Asche hier
Ruhstet Friede Gottes! Ach Sie hatten
ein recht lieblich gutes Kind begraben,
Und was war es weiter?

Es ruht selbst, sie gründe es aus ihren
Leib, so müßte Wille von Gott gegeben,
Mögten Menschen von dem ewigen Leben,
Lebt am ihre Gebeine.

Gezeichnet und gestochen von M. Schwartz, bei Bach.

Schäffer's

KRANKHEITSGESCHICHTE

des

VEREWIGTEN PRINZEN

GEORG

VON THURN UND TAXIS etc,

oder

JÜNGSTER BEYTRAG

zu

ROEDERER'S und WAGLER'S

ABHANDLUNG

von

DER SCHLEIMKRANKHEIT.

———————◆◆◆◆◆◆◆———————,

REGENSBURG,

BEY MONTAG UND WEISS 1795.

DER ASCHE

DES MIR

UNVERGESSLICHEN LIEBLINGS

GEWIDMET

vom

A.

Vorrede.

Schon zwanzig volle Iahre übe ich · die Heilkunde aus: und bey Gott! ich beklagte jedesmal die Eingeschränktheit meiner Kunst, wenn meinem Wunsch und Eifer, manchen nützlichen Weltbürger zu retten, die Trennung treuer Gatten abzuwenden, und zärtlichen Eltern ihre Lieblinge zu erhalten, der Er-

A 3

*folg nicht entsprach — aber nie
machte sie einen tiefern und schmerz-
haftern Eindruck auf mich, als am
Krankenlager des dreyjährigen viel
versprechenden Kindes, von dem
diese Blätter handeln. Von seiner
Geburt an bis an das Ende seiner
kurzen frohen Laufbahn vergiengen
wenige Tage, an welchen ich den
Lieben nicht gesehen und genossen
hätte. In den ersten Wochen seines
Erdenlebens ward ich seinetwegen
in manche stille Sorgen und Kämpfe
verwickelt, bis endlich sich alle*

trübe Wolken in heitern Sonnen-
schein verwandelten und das Kind
an der mütterlichen Brust zu einem
kleinen Hercules heranwuchs, deffen Geisteskräfte mit seinem körperli-
chen Wachsthum in gleichen Schrit-
ten zunahmen, und der mir, wie
allen, die ihn kannten, durch seine
Aufmerksamkeit auf alles, durch
Proben seines herrlichen Gedächtnis-
ses, durch sein aufkeimendes Genie,
durch seine stete Heiterkeit und
durch seine Herzensgüte, so manche
selige Stunde machte. Aber dieses

für alles Gute ſo empfängliche Kind,
dem ich und der mir, ohne Schmei-
cheley darf ich es ſagen, von ganzer Seele anhänglich war, wurde
mir am 20ſten Jänner dieſes Iahrs
durch ein bösartiges Schleimfieber
ſchon am ſiebenten Tag der Krankheit entriſſen und das ganze fürſt-
liche Haus in die tiefſte Herzens-
trauer verſetzt. Ach! daſs meine
gewiſſenhafte Behandlung des Kranken, der ein ſo koſtbares Kleinod
für uns war, fruchtlos bleiben ſollte!
Ach daſs ich in die Abſchiedsworte

einstimmen muste, die ihm seine vor-
trefliche Frau Mutter voll jam-
mernder Liebe bey seinem Ent-
schlummern zurief:

” Dank, tausend Dank, lieber
” George, für alle Freuden,
” die du mir machtest!

Indessen bleibt mir doch die Ueber-
zeugung: seine Krankheit gleich
anfänglich von der rechten Seite
erkannt und ihr die schicklichsten
Mittel entgegen gesezt zu haben.

Diefen Troſt können mir gewiſs auch die ſtrengſten Kunſtrichter nicht rauben!

Regensburg,
den 26ſten März 1795.

D. Schäffer,

Fürſtl. Thurn - und Taxiſcher
Leibarzt und Hofrath.

————————

Prinz GEORG war in Regensburg den 26ften März 1792. früh
vor vier Uhr gebohren. Er genofs
bis in den dreyzehnten Monat die
mütterliche Milch und fichtbar fog
er mit derfelben körperliche und
geiftige Kräfte ein. Nachdem alle
Schneidezähne glüklich durchgebro-
chen waren, fo wurde er ent-
wöhnt. Eben fo leicht kamen auch
nach und nach die Augen - und
endlich die acht Backenzähne hervor. Ehe er noch anderthalb Iahre
erreichte, lief er. Sprechen lernte
er frühe und gut. Seine Aus-
fprache war deutlich und wenig
kindifch; der Ton feiner Stimme
ftark, hell und angenehm. In fei-

nen Sinnen bemerkte man Schärfe,
Feinheit und Richtigkeit. Sein
Wuchs war schlank und mäffig dick:
sein Fleisch derb und verrieth Muf-
kelkraft, die er auch befafs. Sein
kleiner Körper ftund ihm ganz zu
Gebot und feine Gliedmaffen waren vollkommen in feiner Gewalt;
er berührte, ergriff und hielt daher
alles fehr gefchickt, und lief fchnell
und ficher. Seine Gefichtszüge waren regelmäffig, und feine ange-
bohrne Heiterkeit erhöhte ihre An-
muth. Kurz, er blühte immer, wie
eine Rofe, war beftändig frohen
Sinns, und alles entdeckte die
fchönften Geiftesanlagen an ihm.
Ueberall blickte eine gefunde, frohe
Seele aus dem Gefundheitsvollen
Körper hervor. Kleine Katarrhe

und bald vorübergehende Huften abgerechnet, wodurch kleine Ausführungen nothwendig gemacht wurden, war das Kind nie ernftlich krank. Im verflofsnen Frühjahr wurde es mit dem Keichhuften bedroht, der bey uns epidemifch herrfchte. Kleine Gaben der Belladonnawurzel, einige Wochen lang gegeben, lieffen die Krankheit nicht zum vollen Ausbruch kommen, fondern bekämpften fie glücklich.

In der Nacht vom 13ten zum 14ten Jänner wurde der Prinz mit Fieberfroft überfallen, auf welchen Hitzen von Durft begleitet folgten. In zwo Stunden war aber alles vorüber. Das Kind wachte gegen acht Uhr Morgens heiter auf, wurde

angekleidet, und war guter Dinge.
Als ich am 14ten bey meinem
Morgenbefuch, bey welchem ich
diefe Berichte empfieng, die Zunge
etwas unrein und den Athem riechend fand, fo reichte ich fogleich
eine gelinde Abführung, *) welche
fechs ziemlich ftinkende Stühle be-
wirkte. Die Efsluft war hierauf gut,
und das Kind wie gewöhnlich munter, fo dafs es mit Mühe im Zimmer erhalten werden konnte. Demohngeachtet folgte auf diefen guten
Tag in der Nacht vom Mittwoch
den 14ten auf Donnerftag den

---

*) ℞ Refin. Jalapp. c. pin. tr. gr. iij.
    Aq. laxat: Viens. dr. j.
    Syr. de Cichor. c. Rh. scr. j.
    Sal. aper. Fr. gr. v.
  M. S. Auf einmal früh zu geben.

15ten abermal ein kleiner Fieberanfall, der von zwölf bis zwey
Uhr währte. Da ich bey meiner
Morgenvifite das Kind fo munter,
wie allemal, den Hauch nicht übel-
riechend und die Zunge nur gegen
hinten zu ein wenig weifs fand, fo
liefs ich mit dem Mittel *) den Anfang machen, fchrieb eine fchickli-
che Koft vor, und liefs den kleinen
Patienten wieder nicht aus dem
Zimmer. Er fpielte und war eben
fo munter, als Tags vorher, und
legte fich um acht Uhr-fchlafen.

*) ℞ Spirit. Minder.
     Aq. laxat. Vien.
     Syr. Mañat. āā. unc. j.
     Sal. aperit. Fr. dr. ij.
     Tartar. emetic. gr. ß.
M. S. Alle zwo Stunden einen Efslöfel zu
     geben.

B

Freytags den 16ten früh um
zwey Uhr kam der Fieberparoxys-
mus abermal, und währte bis gegen vier Uhr. Das Kind hatte fo-
wohl etwas kältere Hände und
Füffe, als vermehrten Durft, und
war unruhig. Hierauf fchlief es
wieder ein, bekam gegen fechs
Uhr Schweiffe, und wachte gegen
acht Uhr munter auf. In diefer
Nacht bemerkte ich öfters ein Zufammenfahren im Schlafe, wie bey
Kindern, wenn ein Ausfchlag ver-
fteckt auf ihren Nerven liegt. So
ungerne der liebe Kleine, wie faft
alle Kinder, Arzeneyen nahm, und
fo fchwer es hielt, ihm folche bey-
zubringen, fo liefs er fich doch
bereden, diefen Tag die angezeigte
Mixtur fortzunehmen, die ihm zwey

bis drey ergiebige und ſtark rie-
chende mit vielem Schleim ver-
miſchte Stuhlgänge machte. Den
Tag über war er wieder ganz munter, aſs und ſpielte froh und ver-
vergnügt bis auf den Abend um
ſechs Uhr, wo ihn plötzlich ein
heftiger Krampfhuſten, mit kalten
Händen und Füſſen befiel, der ihn
immer zum Brechen würgte. Ich
ſah dieſen Huſten für den maskir-
ten Fieberanfall an, der ſtatt nach
Mitternacht, ietzt ſchon eintratt.
Nachdem ich die Hände und Füſſe
mit aufgelegten Tüchern erwärmt
hatte, lieſs der Huſten nach; das
Kind wurde zu Bette gebracht und
ſchlief bis gegen zehn Uhr ruhig.
Nachher fieng es an, ſich herum-
zuwerfen, hatte Durſt und Hitze,

die fich gegen den Tag wieder mit
Schweifs endigten. Da der Prinz
geftern bey dem Krampfhuften wiederhohlte Neigungen zum Brechen
verrieth, fo gab ich ihm Sonn-
abend den 17ten Morgens beym
Erwachen einen Drittelgran Brechweinftein, der gegen Mittag ein
paarmal Speyen von etwas Waffer
mit Schleim machte. Gegen zwey
Uhr afs er ganz wenig Suppe und
etwas Obftfpeife. Um den Fieber-
oder den Krampfhuftenanfall durch
zufällige Verkältung nicht zu be-
fchleunigen, liefs ich den Prinzen
diefen ganzen Tag über zu Bette
bleiben, ihm ein Klyftir beybrin-
gen und obiges Arzeneymittel fort-
nehmen, worauf Abends wieder ein
paar ergiebige Ausleerungen, mit

Schleim vermifcht, erfolgten. Weder Huften noch Fieber kamen wie
geftern, fondern das Kind fpielte und
war bis nach acht Uhr wach.

Demohngeachtet aber fanden
fich noch um zehen Uhr Nachts
wieder Durft, vermehrte Hitzen
und Unruhen ein, die bis Sonntag
am 18ten Nachmittags um zwey
Uhr fortwährten, wo erft eine vollkommene Remiffion mit ftarkem
Schweifs erfolgte. Da das Fieber
auf die bisher gereichten Mittel
nicht nachliefs, fondern vielmehr
die Remiffionen kürzer, die Puls-
fchläge fchneller und etwas gefun-
ken wurden, das Kind auch über
die Seite und Bruft klagte, mit einiger Befchwerlichkeit einathmete

und öfters trocken huftete, fo
fchlofs ich, dafs die Krankheit äuf-
ferft wichtig und gefährlich fey. Ich
fetzte am Morgen noch ein Blafenpflafter in die fchmerzende linke Seite, belegte die Krankheit mit dem
Namen eines bösartigen Schleimfie-
bers und reichte die Mixtur *), von
der aber der kleine Patient, wie
von den übrigen noch angewand-
ten Mitteln, ohnerachtet alles Zu-
redens, fehr wenig nahm. Nach
zwey Uhr afs er etwas weniges

*) ℞ Extraft. Cort. Chinae scr. j.
Spirit. Minder.
Aq. laxat. Vien. āā unc. j.
Syr. Mañat. unc. ß.
Tartar. Solubil. dr. ij.
Tartar. emetic. gr. j.

M. S. Alle drey Stunden einen Efslöfel zu
geben.

von einem Apfelcompote, fpielte
hierauf und war ziemlich munter.
Obfchon diefen Morgen ein aufser-
ordentlich heftiger Schweifs über
den ganzen Körper ausbrach und
der kaum gelafsne Harn einen dicken Bodenfatz machte, fo konnten
doch diefe einzelnen Erfcheinungen für keine vollkommene Krife
gehalten werden, weil der Puls
noch immer 130 bis 140 Schläge
in einer Minute that und das Re-
fpiriren überhaupt viel zu fchnell,
und das Einathmen mit einiger Befchwerlichkeit gefchah. Voll ban-
ger Ahnung und Sehnen wurde alfo
der nächfte Anfall erwartet. Mon-
tags den 19ten früh vor zwey
Uhr trat die Verfchlimmerung (*Ex-
acerbation*) wieder ein: das Kind

war unruhig, warf fich bald auf
die linke, bald auf die rechte Seite,
trank viel und wollte den Schlaf
dadurch erzwingen, dafs es fich von
feiner unermüdeten Wärterin einige Volkslieder, die es felbft be-
ftimmte, vorfingen liefs. Ueber-
haupt phantafirte es während der
Fieberanfälle nie, ob es fchon mit
unter fchlummerte: beym Erwachen war es fich allemal ganz ge-
genwärtig, kannte alle Perfonen und
fprach mit lauter, voller Stimme.
Es lag und fchlief auf der rechten
Seite fo gut und ungeftört als auf
der linken. Die Zunge war heute,
wie zeither immer, feucht, rein und
nur gegen die Wurzel zu unmerk-
lich weifs. Diefen und den vorher-
gehenden Tag rieb fich der kleine

Patient beym Wachen die Nafe und den Mund beftändig, beleckte die Lippen, aber es kamen weder Schwämmchen noch Ausfchlag, wie man wünfchte, an diefen Theilen zum Vorfchein. Als Morgens zwifchen acht und zehn Uhr der Puls gegen 160 mal fchlug, das Kind äufserft matt und der Unterleib angetrieben war, fo wurde einftimmig für gut gefunden, den Brechweinftein ganz wegzulaffen und dafür den Chinaabfud *) und den Saft **) wechfels.

*) ℞ Decoct. Chinat. fatur. unc. ij.
　　Spirit. Minder. unc. j.
　　Sal. effent. Chinae scr. ij.
　　Syr. Papav. alb. unc. ß.
　M. S. Alle drey Stunden einen Efslöfel z. g.
**) ℞ Sal. effent. Chinae dr. j.
　　Syr. Papav. alb. unc. j.
　M. S. Saft, öfters zween Theelöfel zu geben.

weife zu reichen, und alle drey
Stunden, weil der Prinz wie fchon
gefagt, wenig Arzney mehr nahm,
ein paar Unzen von dem Klyftir*)
zu geben. Die erfte Gabe fchafte
fogleich viele fehr heftig ftinkende
Blähungen und fchleimichte Ausleerungen, famt dem angetriebnen
Unterleib, weg. Durch zwey auf
die Waden gelegte Blafenpflafter
hofte man das befchwerliche Einathmen zu erleichtern, die Natur

*) ℞ Cort. Chinae unc. ij.
　　Fl. Arnic. dr. iij.
　Coq. in aq. fontan. f. q.
　Colat. libr. j. add :
　Tartar. emet. gr. iv.
　Laud. liq. Syd. scr. ij.
　Extr. Fumar. dr. iij.

M. S. Alle drey Stunden eine Theefchaale
voll als Klyftir zu geben.

bey Kräften zu erhalten und fie
wo möglich zu einer vollkommenen
Krife zu vermögen. Als erft gegen vier Uhr Abends die Remiflion
eintrat, und der kleine Kranke zu
effen gar keine Luft hatte, fo wurde ihm Rheinwein, mit Waffer
vermifcht, angeboten. Er nahm
es an; und da feine zärtliche Eltern ihm felbft diefen letzten La-
betrunk brachten, rief er: "Vivat
Papa, Mama und die Schwester
Therese"! tauchte ein paar Bis-
cuit ein, und afs fie herzhaft. Ein
paar Stunden nachher rief er mir
mit dem gewöhnlichen Namen, den
er mir gab, zu: "izt geht es bef-
fer." Er fpielte auch wieder, wie-
wohl viel entkräfteter als vor ein
paar Tagen und zog fpäter, in dem

Schoos feiner von entfernter Hoff-
nung wieder etwas auflebenden
Frau Mutter liegend, viel freyer,
nicht zu fchnell, und mit vollem
Zug, die Luft in fich. Mit Furcht
und Zittern erwartete ich den wie-
derkehrenden Fieberanfall, und er
trat leyder! fchon vor Mitternacht
ein. Das arme Kind, an Kräften er-
fchöpft, athmete ängftlich; der Puls-
fchlag wurde unzählbar und intermit-
tirte zuweilen; die Hände wurden
kühl und gegen ein Uhr griff es in
die Zügen, die fich erft gegen Morgen um dreyviertel auf fünf Uhr
mit einem fanften Tod endigten.

In den erften drey Tagen hielt
ich diefe Fieberanfälle, die allemal
mit Froft anfiengen, und mit Hitze

und Schweifsen fich endigten, worauf vollkommne Intermiffionen erfolgten, für ein Wechfelfieber und
belegte fie mit dem, in unfrer Ge-
gend angenommenen Namen eines Magenfiebers, dergleichen diefen Monat bey uns ziemlich häufig
herrfchten. Nur war mir in den
erften Tagen diefer dem Anfchein
nach, höchft unbedeutenden Krankheit das Zufammenfahren im Schlaf
bedenklich und machte mich auf
alles fehr aufmerkfam. Da aber
der Urin immer hellgelb war und
blieb, und nach Verlauf der drey
erften Tage die Anfälle, ohnerachtet
der gelinden Abführungen, länger
wurden, und ftatt Intermiffionen
nun Remiffionen eintraten; fo ftund
ich um fo weniger länger mehr an,

die Krankheit ein S c h l e i m fi e b e r
zu nennen, da folche bey uns feit
einiger Zeit gleichfalls herrfchten.
Inzwifchen waren die gleich im
Anfang gereichten Heilmittel beyden Arten Fieber ganz anpaffend˙
und gleich zweckmäffig, den Schleim
in den erften Wegen aufzulöfen
und auszuführen. Die Wichtigkeit
der Krankheit fah ich vom vierten
Tag fchon vollkommen ein und er-
bat mir daher die Unterftützung der
übrigen fürftlichen Leibärzte, die
mit mir fogleich einftimmig waren, das Fieber gaftrifch nannten,
die bisher gebrauchten Heilmittel
vollkommen billigten und ähnliche
verabredete fortzugeben riethen.
Das befchwerliche Einathmen, welches Freytag Abends, nach dem

Anfall des Krampfhuftens, zum er-
ftenmal bemerkt und nachher allemal während den Verfchlimmerun-
gen, verftärkt wurde, war mir
gleich ein höchftbedenkliches Symp-
tom, welches allein fchon verbot,
den Prinzen von der Gefahr los-
zufprechen, obfchon Morgens am
fünften Tag der Krankheit ein,
über den ganzen Körper ausge-
brochener heftiger Schweifs und
ein dicker trüber Harn erfolgte.
Ohneraclitet diefes fchnellen und
etwas befchwerlichen Einathmens
konnte er, wie ich oben fchon fagte,
bis an fein Ende auf beyden Sei-
ten liegen, ja er zog einige Stunden vor dem Eintritt des letzten
Paroxysmus, in dem Schoos feiner
ihn zärtlichft liebenden Frau Mut-

ter liegend und auch noch eine
geraume Zeit, als er zu Bette gebracht wurde, voll athmend die
Luft ein, und es fchien, als ob je-
nes Hindernifs in der Brufthöhle
zum Theil befeitiget wäre. Diefer
günftige Anfchein aber war nur
von ganz kurzer Dauer. Gegen
eilf Uhr wurde das Athmen wieder
viel befchwerlicher, auch griff er
bald darauf in die Zügen, die wie
gemeldet, von ein Uhr bis dreyviertel auf Fünfe anhielten und dann
erft in den Tod übergiengen.

Noch vor der Leichenöffnung
gab ich mein Gutachten dahin ab,
dafs die Eingeweide des Unterleibs,
fich im natürlichen Zuftand; in der
Brufthöhle aber — vielleicht felbft
in

in den Lungen — fichtbare Fehler vorfinden würden. Diefe verriethen auch wirklich unvollkommene Krifen und daher Abfätze auf diefe Theile und find als Folgen Anfangs zu fehr erhöhter und mithin auch zu fchnell erfchöpfter Lebenskräfte anzufehen.

In der am 20ften Nachmittag geöfneten Leiche fand man folgendes:

1) Aufser den gewöhnlichen Todenflecken wurden alle Eingeweide des Unterleibs gefund und im beften Zuftand angetroffen.

2) Das Netz hatte, im Verhältnifs zu der übrigen Fetthaut, wenig Fett.

3) Nach herausgenommenen Eingeweiden des Unterleibs fah

C

man das Zwergfell auf der linken Seite, gegen den Rücken
zu herabgeprefst, als ob der mit
vielem Waffer angefüllte Herz-
beutel daffelbe herabdrückte.

4) Nach eröfneter Bruft aber war
diefe Erfcheinung leicht zu ent-
räthfeln. Es wurden gegen
fechs Unzen einer weifslichten,
geruchlofen Feuchtigkeit in der
linken Brufthöhle vorgefunden,
die das Zwergfell fo herab-
drükten. Ueberdiefs war der
linke Lungenflügel und das
Bruftfell, das hie und da auf-
gelöft zu feyn fchien, mit einer käfeartigen zähen Materie
dick überzogen: die Subftanz
der Lunge felbft aber war

ganz natürlich befchaffen und
fehlerfrey.

5) Im Herzen ward eine poly-
pöfe Concrefcenz bemerkt.

Die Krankheit und den Tod diefes mir unvergefslichen Kindes er-
kläre ich mir ohngefähr fo:

Schon in den Monaten Nov.
und Dec. des vergangenen und im
Tänner diefes Iahres, war die ka-
tarrhalifche oder fchleimichte Con-
ftitution die allgemein herrfchende:
ihr giengen in den Monaten Iulius,
Auguft und September wahre Ruhren voraus und kündigten fie an.
Wir hatten daher rheumatifche Be-
fchwerden, Huften und Katarrhe
aller Art, mitunter Wechfel - vorzüglich aber Schleim - Fieber, deren

einige fehr bösartig und tödlich
waren. *) Von diefer Krankheit
wurde der Prinz, und zwar anfangs gleichfalls nur unter der
Maske eines Wechfelfiebers, befallen. Die erften drey Anfälle giengen leicht und nicht die entferntfte

*) In den Monaten November und December
hatte ich auffer verfchiedenen Stadtkran-
ken von der Art, vier fremde Ordens-
geiftliche an diefem bösartigen Schleimfieber zu behandeln, deren drey zwar
rückfällig, alle vier aber vollkommen
geheilt wurden. Meine Methode war
im Anfang der Krankheit die auflöfende
und gelind ausleerende, befonders durch
Brechen mit Ipekakuanha : dann aber
reichte ich gleich den Abfud oder das
Extract der Rinde mit Mittelfalzen und
ftärkenden Arzneyen verfetzt, famt Bla-
fenpflaftern. Kampfer gab ich nie, weil
die Kräfte niemals in den Grad gefun-

Gefahr drohend vorüber. Ohngeachtet aber der entgegengefetzten
fchicklichen Arzneymittel, die vorzüglich den Darmkanal von fchleimichten Unreinigkeiten fäuberten,
war der vierte Paroxysmus fchon
viel heftiger und anhaltender; ein

ken waren, dafs ich Fäulnifs der Säfte
zu beforgen hatte. Der Anfang der
Krankheit äufferte fich bey allen Vieren
unter der Geftalt eines Wechfelfiebers
mit Froft, Hitze und Schweifs, worauf
Remiffionen erfolgten. Die grofsen
Entkräftungen aber, die fchmutzige belegte Zunge und vorzüglich die *fchlaf-
lofen* Nächte verriethen mir bald das
Schleimfieber, welches meiftentheils bis
auf den vierzehnten Tag zunahm und
fich mit dicken Urin, mit öftern ftin-
kenden Ausleerungen und Schweifsen
nach und nach verlohr. Einige hufte-
ten auch und warfen zähen, weifsen

redender Beweis, dafs auch in den
zweyten Wegen fchon viel von
diefem fchleimichten Stoff fich be-
fand und aufgenommen war. Ue-
brigens lehrt die Erfahrung, dafs
bey lebhaften und feurigen Kindern
der Verlauf der Fieber fchnell und

Schleim aus, wodurch aber allein nie
eine vollkommene Krife bewirkt wurde.
Nur erft nach Verlauf von drey Wochen fand fich nach und nach wieder Efsluft und zuletzt auch Schlaf
ein.   Die Blafenpflafter eiterten lange
und heilten fehr langfam zu. — —
Eine junge Dame von äufserft beweg-
lichen Nerven, wurde gegen das Ende
des Februars mit einem gutartigen
Katarrhfieber befallen, das wie gewöhnlich mit Schnuppen, Huften,
Kopfweh, Fieber, verlohrner Efsluft &c.
begleitet war.   Ohnerachtet fogleich
auflöfende und felbft ein paarmal ge-

der Gang aller Krankheiten rasch
und stürmisch ist. Daher wurde
das irritable Nervensystem dieses
Kindes, das die feinsten Organe hatte, zu mächtig gereitzt, Wirkung
und Gegenwirkung stiegen schnell
auf den höchsten Grad und die

linde Brechmittel gereicht wurden, so
gieng die Krankheit dennoch am neunten Tag plötzlich und ohne alle ge-
legentliche Veranlaffung in ein bösartiges Katarrh - oder Schleimfieber über.
Der in diefem Körper in zu grofsem
Ueberflufs vorräthige Schleim beun-
ruhigte die Nerven auf das äufserste :
erregte heftige Fieberbewegungen,
schlaflofe Nächte, unausstehliches Kopfweh und schmerzhaftes Seitenstechen.
Ohnerachtet die Zunge rein, feucht
und roth war, so klagte die Patientin
dennoch über starken Durst, unaus-
sprechlich eckelhaften schleimichten Ge-

Kräfte unterlagen früher, als die
Ausscheidung des Schleims aus den
Säften durch die Lungen oder
durch andre Wege kritisch zu
Stande kam. Dieser unausgekochte,
gelatinöse Stoff blieb also auf den
Lungen sitzen, sammelte sich im-

schmack im Mund, und hatte dabey
oft Neigungen zum Erbrechen. Einige Grane Ipekakuanha schaften blos
etwas Schleim, und den nachgetrun-
kenen Thee weg. Eine spanische
Fliege in die linke schmerzende Seite,
und eine andre später in die Herz-
grube gelegt, verminderten das Stechen
in der Brusthöhle, und nach ein paar
Tagen auch das Erbrechen. Ein kräf-
tiger Absud der China und Baldrian-
wurzel mit Meerzwiefelsaft und Ammo-
niakgummi schwächten das Fieber und
beförderten den Auswurf ungemein,
welcher außerordentlich stark, zäh,

mer mehr an, und fetzte dem ei-
genthümlichen Gefchäfte diefer Organe, dem Athmen und ungehin-
derten Durchgang des Bluts immer
zunehmende Hinderniſse in den Weg.
Daher entſtanden fernere ʼUnord-
nungen in den Lymphader - Gefäſsen;

und anfangs braungelblicht war: ei-
gentliche nervina aber, als Biber-
geil, Vitrioläther, mit Sydenhams Lau-
dan &c. beruhigten die Nerven, verminderten die Neigungen zum Brechen,
welche vier Tage anhielten, und nach
jedem noch fo kurzem Schlummer fich
einfanden, und brachten nach und nach
erquickenden Schlaf und Kräfte wieder. Auch hier gefchah augenfchein-
lich am neunten Tage der katarrhali-
fchen Krankheit plötzlich eine Meta-
ſtaſe nach dem linken Lungenflügel;
glücklich aber reinigte und befreyte die
Natur durch Huften und Auswurf, die

mit der nun gehinderten Refor-
ption, auffer Verhältnifs ftehende
häufige Abfonderung wäfferichter
Feuchtigkeiten — mithin widerna-
türliche Anfammlung derfelben, mithin zunehmender Druck auf die
Lebensorgane, allmählig unterbro-

ganzer fechs Tage anhielten, und wodurch täglich drey bis vier Taffen voll
gelber dicker Rotz mit dünnem Speichel
vermifcht, fortgefchaft wurde, die Säfte
von diefem Schleim-Ueberflufs durch die
Lungen. Denn nur dadurch und durch
wiederholte Schweifse, und am Ende der
Krankheit durch Schwämmchen, nie
aber durch dicke Urine &c. gefchah bey
diefer Patientin nach und nach eine er-
wünfchte Krife. Die vollkommene Er-
hohlung gieng fehr langfam von ftat-
ten. — Epidemifch herrfchten im Iän-
ner unter Kindern die Mafern und das
Scharlachfieber. —

chener Kreislauf, oder langſamer
Tod. — Die bey der Leichenöffnung vorgefundene ausgetretene
Feuchtigkeit iſt alſo aus dieſem nur
ſtuffenweiſe verhinderten langſamen
und endlich ganz unterbrochenen
Durchgang der Säfte und aus der
Art des ſanften Entſchlummerns dieſes Kindes leicht zu erklären.

Der erſte und urſprüngliche Sitz
dieſer tödtenden Krankheit war alſo
im Unterleib aufzuſuchen, die Ur-
ſache des Todes aber wurde in der
linken Bruſthöhle gefunden, weil die
zu raſche Natur ſtatt eines ſteten Gan-
ges und ſtatt einer dadurch hervor-
gebrachten vollkommenen Kriſe entweder durch wiederhohlte Schweiſ-
ſe, durch Huſten und Schleimaus-

würfe, oder Speichelflufs, durch dicke
Urine, Schwämmchen, Gefchwulft
hinter den Ohren &c. &c. fchnell
einen Abfatz diefes fchleimichten ro-
hen Stoffes auf die Oberfläche der
linken Lunge hinwarf. Um fo er-
klärbarer aber ift es, dafs fich diefe Metaftafe *) auf die Lunge,
als einen etwas gefchwächtern Theil
hinzog, weil in allen Schleimfiebern
die Lunge das vorzüglichfte Behält-
nifs und Ausfonderungswerkzeug des
in den Säften enthaltenen Schleims
ausmachen, und weil der Prinz

*) Die wenigften Metaftafen find von
Ortveränderungen, fondern von wi-
dernatürlichen neuen Abfonderungen
kranker Säfte in den Organen herzu-
leiten und zu erklären. *Reil* von
den Verfetzungen.

öfters und besonders während des
Zahngeschäfts viel am Husten litt
und im verflossnen Frühjahr vom
Keichhusten bedroht war, und weil
wir ferner in diesem Monat überhaupt viele Brustkrankheiten be-
obachteten, die durch die anhaltende
strenge Kälte veranlaßt wurden,
welche vom ersten bis 20sten Jänner, drey oder vier Tage abgerechnet, ununterbrochen fortwährte.

Drey Wochen früher verlohr
ich ein vierjähriges Mädchen an
der nämlichen Krankheit, bey der
die Natur einen Absatz nach den
Hirnhöhlen machte und die an einem innern Wasserkopf erst am
zwanzigsten Tag der Krankheit
starb.

Unrichtig würde alfo die Folge-
rung feyn, wenn aus den gefunde-
nen Fehlern nach dem Tode in der
Bruft, auf den Sitz der Urfache
der Krankheit in der Bruft gefchlof-
fen würde. Wer fo fchliefst, der
verwechfelt die Urfache mit der
Wirkung oder verwechfelt die Eine
mit der Andern.— Was fich vor-
fand im Leichnam war Effekt der
Krankheit, und unmittelbare Urfache des Todes. Die Urfache des
urfprünglichen Uebels aber äufferte
fich gaftrifch und war unmöglich
nach dem Tode fichtbar. Iunge
Aerzte können daher bey Leichen-
öfnungen gar leicht verführt werden, diefe übereilten oder unvoll-
kommenen Krifen und Metaftafen
für die erfte Krankheit zu halten,

fie urfprünglich für Abfcefse, Ei-
tergefchwüre (empyema) anzufehen und fich felbft zu widerfpre-
chen, wenn fie anfangs das Uebel
für gaftrifch ausgeben und behandeln, nach dem Tode aber eine
Bruftkrankheit zu finden wähnen.
Dafs aber in Fiebern diefer Art
nur gar zu oft folche Verfetzungen
nach der Brufthöhle und den Lungen gefchehen, bezeugen zwey gül-
tige Gewährsmänner, Röderer
und Wagler, welche diefe Krankheit 1761 und 1762 beobachtet und
über fie claffifch gefchrieben haben. *) Sie fagen nämlich:

*) Io. G. *Roedereri* et Car. G. *Wagleri*
Tractatus de morbo mucofo &c. Edi-
tus ab Henc. Aug. *Wrisberg.* Göt-
tingae 1783.

— 48 —

„Der Genius diefer Krankheit
„beftehe in einer allgemeinen Ver-
„derbnis des Schleims, und ift mit
„einer Ausartung der Lymphe in
„Gallerte und oft mit einem Feh-
„ler in den Lungen verbunden. —
„Allgemein und epidemifch hat die-
„fes Schleimfieber mit Anfang des
„Iahres 1761 in und um Göttingen
„zu herrfchen angefangen, nachdem
„im vorhergegangenen Herbft eine
„Ruhrepidemie graffirt hatte. —
„Im Februarius machte es nicht
„felten tödliche Metaftafen nach
„den Lungen oder nach andern Ein-
„geweiden.— Gleichwie die Wech-
„felfieber immer die vorzüglich-
„ften Abdominalkrankheiten aus-
„machen, eben fo find oft Ruhren
„und Schleimfieber Abkömmlinge
„von

„von kalten Fiebern, haben öfters
„diefelben Symptomen und Krifen,
„und erfordern im Anfang diefel-
„be Heilmethode. — Die erfte
„und vorzüglichfte Veranlaffung
„zu folchen Epidemien fteckt in der
„Luft und ift in der Befchaffenheit
„derfelben aufzufuchen. — Gar
„oft veranlafst diefe Schleimkrank-
„heit eine lymphatifche und gelati-
„nöfe Befchaffenheit der Säfte: fie
„macht Anfchoppungen und Verhär-
„tungen in den Drüfen und Lungen,
„erzeugt Schwämmchen, zuweilen
„auch falfche Seitenftiche und ver-
„ändert gar oft ihren eigentlichen
„Sitz. Denn ob fie fchon urfprüng-
„lich gaftrifch ift, fo wirft fie fich
„doch häufig auf die Lungen und
„tödtet durch diefe fehlerhafte

D

„ Krife meiftens die Kranken, befon-
„ ders wenn durch Huften der Schleim
„ nicht ausgeworfen wird. — Viele
„ Leute, vorzüglich aber lebhafte
„ muntre Kinder, wurden Nachts mit
„ diefem Fieber befallen, das mit Froft
„ und darauf folgenden Hitzen fich an-
„ fieng, und mit Schweifs fich endete,
„ worauf öfters, befonders nach den
„ erften und leichten Anfällen die Pa-
„ tienten den folgenden Tag über,
„ gar nichts Abgefchlagenes an fich
„ fühlten. — Schleimauflöfende und
„ ausführende, befonders Brechmit-
„ tel, dann gelind Schweifstreibende
„ Arzneyen waren in diefer Epidemie
„ die würkfamften. Die Heilung er-
„ folgte meiftens langfam, und nur
„ auf wiederhohlte kritifche Auslee-
„ rungen durch Schweifse, Diarrhö-

„en, dicke Urine, durch Schwämm-
„chen auf der Zunge und am Mund,
„durch Huften und Auswurf eines
„gekochten Schleims, zuweilen auch
„durch Gefchwulft an den Füfsen. —
„Wenn keine diefer Krifen äufferlich
„fichtbar wurde, fo gefchah meiftens
„ein tödlicher Abfatz nach innen,
„entweder auf die Lungen oder auf
„den Darmkanal. — Wenn fich der
„Schleim auf die Lungen warf und
„von den erfchöpften Naturkräften
„nicht mehr weiter gefchaft werden
„konnte, fo entftund befchwerli-
„ches, fchnelles, ängftliches Ath-
„men, wie bey Lungenentzündun-
„gen, bis endlich ein fanfter Tod
„erfolgte. — Da überhaupt das
„Aderlaffen bey Abdominalkrank-
„heiten meiftens nachtheilig ift, fo

„mufste folches nur bey fehr voll-
„blütigen, und felbft dann noch
„mit der äufferften Behutfamkeit,
„vorgenommen werden, wenn fich
„auch die Krankheit auf die Lun-
„gen hinwarf und fcheinbare Ent-
„zündung dafelbft hervorzubringen
„drohte. — Die Entzündungswi-
„drige Heilart, als Aderlaffen, Sal-
„peter, Salmiak, mineralifche Säu-
„ren &c. war diefem Fieber höchft
„entgegengefezt und nachtheilig. —
„Die Blafenpflafter waren im An-
„fang der Krankheit unnütz, in der
„Folge aber find fie mit Vortheil an-
„gewandt worden. — Erweichende
„Klyftire wurden allezeit mit beftem
„Erfolg gefetzt. Die Rinde und de-
„ren Extract wurde, wo die Kräfte
„etwas abnahmen oder die Kri-

„fen nicht gehörig erfolgen woll-
„ten, mit befter Wirkung ge-
„reicht. — Der Kampfer beför-
„derte die Schweifse. — Die mei-
„ften Schleimfieber entfcheiden fich
„durch wiederhohlte unvollkomme-
„ne Krifen: fie haben, befonders im
„erften Anfang fehr viel ähnliches
„mit den Wechfelfiebern, und fehr
„oft verlieren fie fich glücklich,
„wie diefe mit einem Ausfchlag
„am Mund. Die Anfälle beyder
„Fiebergattungen hielten einen be-
„ftimmten Zeitgang (T y p u m) und
„endigten fich allemal mit Schweifs.
„Das Schleimfieber fcheint da-
„her ein wahrer Abkömmling
„der Wechfelfieber zu feyn, geht
„öfters in folches über, und umge-
„kehrt arten öfters diefe in wahre

„ Schleimkrankheiten aus, befon-
„ ders wenn die herrfchende Con-
„ ftitution fchleimicht ift. — Ue-
„ berhaupt pflegen alle gaftrifchen
„ Krankheiten, mehr oder minder
„ bedenklich zu feyn, nachdem fie
„ mehrere oder mindere Aehnlich-
„ keit mit dem Gang der kalten
„ oder hitzigen Fieber haben. —
„ In ftrengen Wintertagen gefchieht
„ es gar oft, dafs einfache kal-
„ te Fieber in bösartige Schleim-
„ und Katarrh-Fieber übergehen. —
„ Wenn weichliche und an fchwa-
„ chen Nerven leidende Perfonen
„ von diefem Fieber befallen wur-
„ den, fo kamen fie leichter durch,
„ als ftarke und von Gefundheit
„ ftrotzende Körper: denn bey die-
„ fen gieng die Krankheit rafch

„in ein bösartiges Schleimfieber
„über. — Bey einem fiebenjährigen
„Mädchen, das mit diefem Fieber
„befallen wurde, gefellte fich nach
„den erften Tagen ein trockener
„Huften, der mit einem ftechen-
„den Schmerz in der Bruft ver-
„bunden war. Nach wiederholten
„Schweifsen, dicken Urinen und
„Schwämmchen im Munde, ver-
„lohr fich nicht nur der Huften
„und Schmerz, fondern auch nach
„und nach das Fieber glücklich. —
„Bey gaftrifchen Uebeln gefchieht
„es gar oft, dafs fie entweder durch
„Hülfe der Natur oder Kunft in
„wahre Wechfelfieber übergehen,
„fobald als nämlich die Heftigkeit
„der Krankheit, oder die Bösartig-
„keit derfelben befeitiget worden

„ ift. — So wie das Spät - und Früh-
„ jahr die Wechfelfieber, eben fo be-
„ günftiget der Winter die Schleim-
„ fieber. — Brechmittel, gleich im
„ Anfang diefer Krankheit gegeben,
„ und nacher gelind abführende Ar-
„ zeneyen find allemal angezeigt und
„ von befstem Erfolg. — Heftige
„ Schweifse und dicke Urine, die
„ in den erften Tagen gleich er-
„ fcheinen, zeigen übereilte Kri-
„ fen und eine Bösartigkeit der
„ Krankheit an. — Immer ift es
„ ein bedenkliches Zeichen, wenn
„ angefangene kritifche Erfcheinun-
„ gen von felbft wieder verfchwin-
„ den: es beweifst nämlich, dafs
„ die Naturkräfte entweder gehin-
„ dert oder zu fchwach find, eine
„ vollkommene Krife zu Stande zu

„bringen. — In den Leichen der
„an diefer Krankheit Verftorbenen,
„fand man fehr häufig in den
„Brufthöhlen ausgetretene Feuch-
„tigkeit und oft ift die Lunge
„mit einem gelatinöfen Stoff, der
„geriebnem Käfe oder grobem
„Sande gleicht, überzogen, und der
„öfters, wie Zellengewebe, mit
„dem Bruftfell zufammen hängt:
„auch finden fich fehr oft Poly-
„pen, oder dichte, zähe, und
„weiffe Concrescenzen in dem
„Herzen und deffen groffen Ge-
„fäffen vor, welche aber allemal
„im Verlauf diefer Krankheit erft
„erzeugt werden und als Folgen
„derfelben anzufehen find. — Iede
„ausgetretene Feuchtigkeit in den
„Leichen, ift entweder Folge der

„Krankheit oder Folge eines lang-
„famen Todes. Im erften Fall
„heiffen fie unvollkommene und
„übereilte Krifen. Der flüffige
„Theil diefes Abfatzes wird wie-
„der reforbirt: der dickere aber
„fetzt fich auf die Oberflächen
„diefer oder jener Eingeweide
„an, bildet bald eine rauhe un-
„ebene Haut, bald macht er ge-
„latinöfe oder leimichte Lamel-
„len, die die Theile, welche
„abgefondert feyn follen, wider-
„natürlich mit einander verbin-
„den. — Zuweilen gefchieht es,
„dafs, indeffen ein Lungenflügel
„ganz natürlich befchaffen ift,
„der andre mit einer unorgani-
„fchen, bald mehr bald minder
„dicken Krufte, die der Speckhaut

„auf dem Blut gleicht, ·überzo-
„gen ift, welche oft einen gan-
„zen Lungenflügel und einen
„Theil des Zwergfells überzieht,
„die aber gar leicht mit den
„Fingern abgekrazt werden kann.
„Am meiften wird diefe gelatinöfe
„Krufte, die zuweilen wie Leder
„dicht uud feft ift, und der Ent-
„zündungshaut gleicht, in fol-
„chen Leichen gefunden, bey de-
„nen diefe Schleimkrankheit über-
„eilt worden und keine ordentliche
„Krife erfolgt war: wo der nicht
„gehörig verarbeitete Schleim fich
„befonders auf die Lungen hinwarf
„und Erfcheinungen einer Lungen-
„entzündung hervorbrachte. Diefe
„Metaftafe oder diefer kritifche Ab-
„fatz in der Lunge, verräth die

„gröfste Verwandtfchaft zwifchen
„Schleimfiebern und Bruftkrankhei-
„ten. In wahres Eiter geht diefer
„abgefetzte Stoff nie über: der
„rafche Gang der Krankheit er-
„laubt folches nicht. — Die Meta-
„ftafen oder Abfätze eines gelatinö-
„fen Stoffes, befonders nach den
„Lungen, find immer als die fchlimm-
„ften Krifen diefer Schleimfieber
„anzufehen. — Aeufserft felten
„oder faft gar nie wird der Unter-
„leib in diefer Krankheit meteori-
„firt: von blofsen Winden ift er
„zwar öfters aufgetrieben, aber
„nicht von der angefangenen Fäul-
„nifs der Säfte in den Darmkanal
„u. f. w.„